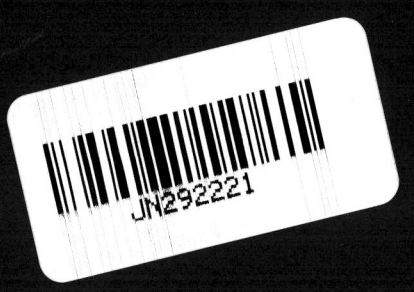

まじめな とんでもない世界

宇宙に広がる意識のさざなみ

奥 健夫

海鳴社

序章　量子と意識

１９世紀までの古典物理学は、物質中心の物理学です。

そこには、意識や心というものは、まったく入るすきがありません。

心は、物理学から完全にとり除かれていました。

２０世紀初めに、量子論が誕生しました。

このときに、非常に大きな変化がありました。

意識や心が、物理学に入ってきたのです。

量子論が発見された当初は、この重大なことには誰も気づきませんでした。

しかし量子論の研究が深まるにつれて、はっきりとしてきたのです。

　量子論では、「観測」ということを考えます。

観測には、「意識」という考え方が、必ず入ってきます。

誰かが観測を行なわなければ、私たちの世界のような、はっきりした物質的世界があらわれません。

量子状態とよばれる、ぼんやりした状態のままなのです。

観測するとはじめて、私たちがいつも感じている物質的世

界になるのです。

量子論は、私たちの生活にとても役立ってきました。
パソコンや携帯電話にも、量子論がつかわれています。
しかし、この「観測」という考え方を導入したことが、
量子論の最も重要な発見となりました。

量子論には、もう一つ「非局在性」という非常に大きな発見がありました。
わかりやすい言葉で言えば、「すべてはつながっている」ということです。
そのつながりが、全宇宙にまで広がっているのです。
たとえ宇宙の端と端でも、そのつながりが可能です。

アインシュタインがこの不思議に気づき、ベルがそれを証明しました。

このような非局在性は、生命や意識の性質にとても似ています。

本書では、量子と意識がどのように関わっているのか、そして宇宙全体にどのように影響しているのかを、見ていこうと思います。

もくじ

【写真・図版の出典】

- ◆18-19 頁、22 頁、23 頁、26 頁、27 頁、28 頁、31 頁、35 頁、38-39 頁、40 頁、41 頁、42-43 頁、50 頁、60 頁、63 頁、70 頁、71 頁、74 頁、99 頁、119 頁の写真：エイチツーソフト（Fax: 0422-28-5211　Email:support@office4dc.co.jp）製、「マスタークリップ 303,000」のクリップアートを使用
- ◆29 頁、52 頁、72 頁の写真：奥健夫
- ◆30 頁、47 頁、54 頁、55 頁、58-59 頁、66-67 頁、86 頁、87 頁、106 頁、110 頁、111 頁の図：奥優花
- ◆46 頁、78 頁の図・写真：奥彩花
- ◆82-83 頁、107 頁、112 頁の写真：初山浥子
- ◆123 頁、126 頁、130 頁：NASA

（上記以外は、海鳴社や素材辞典などのフリーソフトから引用）

まじめな——
とんでもない世界

第1章　量子論のはじまり

◆古典物理には「心」がない

18世紀から19世紀にかけて、ニュートンによる古典物理学が発展してきました。

この古典物理学は、物質を中心にした考え方です。

私たちの身のまわりの物質的なことは、たいていこれで説明できます。

しかし、この古典物理には、「心」が含まれていません。
物理学は、心や意識から、完全に独立したものとみなされていました。

◆プランクが量子を発見

１９００年の１２月のことです。
プランクが、光の量子を発見しました。

量子とは、物理量の最小単位です。
ここでは、光のエネルギーの最小単位になります。
その値より、小さいエネルギーになることができない

マックス・プランク

のです。

これは、プランク定数（h）と名づけられ、物理の基本的な値の一つとなりました。物理で他に重要な値には、光の速さ（c）や重力定数（G）があります。

プランクによるこの量子の発見が、量子論の始まりとなりました。

◆一番小さい量子

私たちの日常生活では、エネルギーや時間や距離などは滑らかです。

時間をどんどん短くしてみましょう。

いくら小さくしても、最小の値があるようには思えないことでしょう。

ところが、一番短い時間が発見されたのです。

10^{-44}秒という非常に短い時間です。

長さも同様に、どんどん短くしてみましょう。

いくら小さくしても、きりがないように思えます。

しかし長さにも、10^{-35}メートルという最小の長さがみつかりました。

これらは、時間の量子、長さの量子なのです。私たちの宇宙では、これより短い時間や長さは、ぼんやりとした量子ぼやけの状態になり、考えることができないのです。

◆不確定性原理

時間や長さ、エネルギーは、ある大きさ以下にはならないという限界を、理論的に見つけたのがハイゼンベルグで、不確定性原理とよばれています。彼のこの発見は、ノーベル賞となっています。

ヴェルナー・ハイゼンベルグ

それより小さいところには、何があるのか。
現代の物理学では、これに答えることができません。
それよりも大きい情報しか、得られないのです。

このぼんやりとした量子の極限。
ここに意識や生命の鍵が、ひそんでいるのかもしれません。

◆プランク定数と量子ぼやけ

量子論には、プランク定数が導入されました。
これは、古典物理にはなかったものです。私たち人間からみたら非常に小さい値で、日常生活では、それを感じることはありません。

プランク定数を０（ゼロ）にすれば、ぼんやりした量子ぼやけはおこりません。

ぼんやりした量子の雲は、一点にきちんとおさまります。

古典物理は、量子論でプランク定数を０にして、量子の効果を考えない近似の理論なのです。

しかし実際には、私たちの世界を極限まで小さく見ていくと、量子のぼやけが存在し、プランク定数を考えなければなりません。

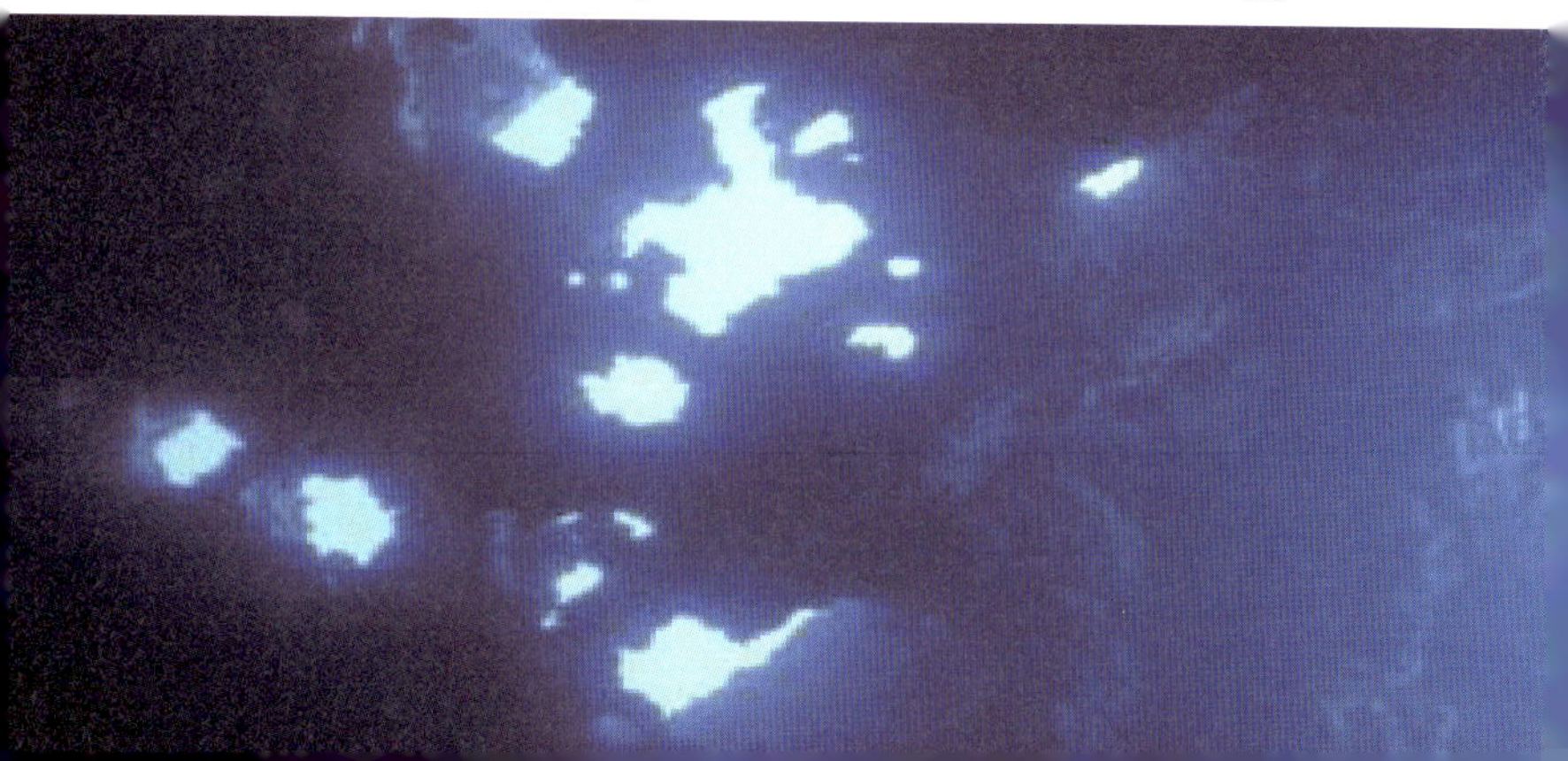

エルヴィン・シュレーディンガー

ポール・ディラック

第2章　物理に意識が入ってきた

◆観測問題

プランクの量子の発見に始まり、ハイゼンベルグ、ボーア、パウリ、ディラック、シュレーディンガーらにより、量子論の基本が完成しました。

この量子論の発展において、非常に重要な発見がありました。

ぼんやりした量子を見てみましょう。
すると観察した瞬間に、はっきりとした
量子の姿が現れます。

ただこのはっきりとした量子の姿は、もとのぼんやりした
量子そのままの姿ではありません。
ぼんやりした量子のもとの情報の一部が失われています。
出てきた量子の情報は、平均化された情報です。

観察する前の、量子のぼんやりした真の姿はわかりません。
これが量子論の「観測問題」です。

たとえば、ＣＤの中に入っている音楽を考えてみましょう。
ＣＤからきれいな音楽がながれてきます。
しかし録音したときの、すべての状況が入っているわけではありません。

演奏者の声、演奏、雰囲気、服装、表情、心の状態など…。
これらのうちのほんの一部が、ＣＤにおさめられているわけです。
完全にもとの状態を、再現できるわけではありません。

量子の観測にも、同じようなことが起こっています。
いままで有名な科学者たちが、この観測問題に挑戦してきました。

◆意識で量子が収縮する?

この観測問題に対する、一つの考えとして、コペンハーゲン解釈があります。

観察前の量子は、雲のようにうすぼんやりと存在しています。そのぼんやりとした量子を、意識をもつ人間が観察します。

すると観察した瞬間に、今まで広がっていた量子が、ある一点に縮んでいく(収縮する)という、奇妙なことがおこります。

人間の意識による観察で、量子の収縮がおこるというの

です。

量子論には、観測者、つまり見ている人の意識が必要なことがわかってきたのです。

この考え方は、デンマークのコペンハーゲンにいたボーアが中心となって発展してきたので、コペンハーゲン解釈とよばれています。

このように量子論では、量子の収縮を原理的に可能にするために、意識を入れなければなりません。**意識を入れなければ、量子論は完全な理論にならないのです。**

ニールス・ボーア

観察するまえは、あちこちどこにでもいたのに、見た瞬間にそこにあらわれるというのは、何かよくわからないできごとです。

まるでゆうれいのような奇妙なできごとで、アインシュタインは、このぼんやりした考えかたに反対していました。

神様はそんなあやふやなことをするわけがない。ちゃんとはっきりしたものがあるはずだ、と主張したのです。

科学に意識をもちこむことには、多くの科学者が反対してきました。

多くの物理学者たちは、この意識を消し去ろうと試みてきました。

しかし、ことごとく失敗してきました。

そして現在でも、コペンハーゲン解釈が、量子論の主流となっています。

◆可能性の量子世界

量子論は、物質の世界ではなく、可能性の世界です。

ぼんやりした可能性の中から、観察によって一つを選びだすのです。

可能性から一つが選ばれ、観察者の意識のなかに物質としてあらわれるのです。

どのようにして選びだすのかは、まだわかっていません。

この選択は、自由な選択で、物理では決定できないものです。

数学的にも、大きなギャップがあります。

ぼんやりした量子は、観察方法によってさまざまな状態で現れます。

光を例にとると、波として観察されたり、粒子として観察されたりします。

◆本当の量子の姿とは

観測問題を解決するために、他の方法も考えられてきました。

多世界解釈、デコヒーレンス、隠れた変数などがあります。

これらには、それぞれ問題点もあります。

観測の途中に、量子ぼやけが収縮し、量子があらわれる現実化が起こりますが、いつどのように、収縮がおこるのかがわからないのです。

大きなものが、非常に小さいものとつながるとき。
時間や空間が、物質とつながるとき、などが考えられます。

量子の収縮は、心の中で起こる精神的なものなのでしょうか。
それとも、実際の物質の変化なのでしょうか。

いずれにせよ観測すると、実験の影響が必ず入ってしまいます。
数字の値がでてきても、自然のありのままの姿ではないのです。

量子のありのままの状態を感じることができるのは、量子そのものしかないのかもしれません。

◆観察がカギ

ノーベル物理学賞を受賞したシュレーディンガー、ボーア、パウリ、ジョセフソンたちが、量子論の最先端から、さらに意識や生命を説明しようと試みてきました。

オックスフォード大学の著名な数学者ペンローズも、量子論から心を見ています。

一方、ケンブリッジ大学のホーキ

ング教授は、それに反対しています。

つまり、量子論はたんなる物理学のツールであり、意識とは別物だ、というのです。

もともと二人は、宇宙論をいっしょに研究していました。でも意識については、考え方がちがうようです。

物理学も心理学も深く研究していくと、「観察」が大きなカギになっていることがわかります。

意識をもつ観察者が、物理にも必要になってきたのです。

第3章　宇宙のつながり——非局在性

◆ベルの定理

今までに述べてきましたように、量子論には、多くの有名な科学者たちが関わっています。ハイゼンベルグとシュレーディンガーが、量子論の数学を確立し、アインシュタインとボーアは、多くの重要な特性を明らかにしました。

しかし量子論をもっとも深く調べたのは、ジョン・ベルだろうと思われます。

この世界がどのようにできているかを明らかにし、さらにそれを哲学にまで発展させました。

ベルの定理から、この世界は、非局在性や全体性をもつことがわかってきました。

つまり、「宇宙が全体的につながりあっている」ということがわかってきたのです。

◆非局在的な量子エンタングルメント

この量子の不思議な特徴は、「量子エンタングルメント」として、知られています。

遠くはなれた粒子が、お互いにつながりあっている現象です。

非局在性とも言います。

局在というのは、ある一か所に存在することです。

逆に、非局在とは、どこにでも存在可能ということになります。

具体的には、一つの場所で自由に選んだ情報が、遠くはなれた別の場所の情報を、光より速く同時に決定できることを示しています。

ただ物質や情報が、光の速さより速く移動することはできません。
アインシュタインの相対性理論も、満たしています。

非局在性が、どのような方法で、つながりあっているのかは、わかっていません。
ただつながっているという事実だけは、はっきりしています。

理論ではベルによって、実験ではアスペたちによって、この非局在性が証明されました。
理論的には、宇宙の端と端という無限に近い距離でもつながります。

◆非局在性の応用

この不思議なつながりの距離は、ものによって異なります。

リニアモーターカーにも使われている超伝導では、コヒーレンス長とよばれる長さで、電子がつながっています。

また量子のつながりを応用したのが、量子テレポーテーションです。

遠くはなれた所で、量子の情報がつながりあっています。

２００４年には、原子数個の量子テレポートが成功したことが、イギリスの科学誌「ネイチャー」に報告されました。

もしかしたら将来的には、人間までテレポートできるようになるのかもしれません。

◆自然はグローバルにつながっている

量子論は、自然のプロセスがグローバルであることを示しています。

日常感じているような、空間の分離がないということなのです。

私たちは、量子宇宙に住んでいます。

ここでは、今までの物質的な宇宙の考え方があてはまりません。

非局在的な量子情報の世界で、全体がお互いにつながりあっているのです。

すべてのものは、孤立して存在するということはありえません。**どんなものでも、ぼんやりした量子の状態になっています。その量子が非局在性をもちますから、必ず他の量子とつながっているのです。**

多数の量子全体が一つになって、はじめて存在しているといってもいいかもしれません。

人間のからだの中でも同じです。

脳の中の状態から、からだの手足まで、つながりをもつこ

とができます。

非局在性は、生命の営みにもあてはまりそうです。
人間のからだには、60兆もの細胞があります。

これらの細胞は、ばらばらにはたらいているわけではありません。
お互いにつながりをもっているからこそ、生きているのです。
いったいどのようにして、これだけの細胞がつながりあっているのでしょうか。

量子論の考え方は、宇宙だけでなく、脳と心の結びつき、

そして私たちの存在そのものにいたるまで、幅広くあてはまります。

そして、私たちの意識も、このつながりある量子世界に、自然なかたちで組みこまれているようなのです。

第4章　量子論の進展

◆パイロット波モデル

ボームは、パイロット波モデルを提案しました。

これは古典的な電磁場のモデルで、数学的にはあいまいな部分があります。

また、意識そのものはこの数式の中には入っていません。

彼は、観察される前の量子のようすを、内蔵秩序とよびま

した。

観察によって、私たちの世界に物質としてあらわれてくるのです。

また脳のはたらきが、ホログラムと似た性質を持っていることを、プリブラムとともに示しました。

他にも自発的収縮モデルがありますが、観測者なしで量子論を説明するには、むずかしいように思われます。

◆量子重力理論

ペンローズは、意識と量子についてのモデルを提案し、その本を出版しました。
彼はそれまでに、数々の業績をあげていた数学者でしたので、多くの注目があつまるようになりました。

彼は、意識には量子重力が関わっていると主張しています。
量子重力理論とは、量子論と相対論を一緒にした理論です。

ただ量子重力理論は、まだ完成されていません。
量子論と相対論は、水と油のようなもので、一緒にするのはなかなか難しいのです。
アインシュタインも、これを実現することができませんで

ロジャー・ペンローズ

した。

ペンローズはさらに、量子論の観測問題に未知のものがあることを指摘しています。

そしてこれを解かなければ、意識の問題は解明できないだろうと言っています。

◆多世界解釈と量子デコヒーレンス

多世界解釈は、エヴェレットにより提案されました。**この世界はぼんやりしたものではなく、多数のはっきりした世界が同時に存在するという考え方です。**

この考え方には、量子状態の収縮を説明するシュレーディンガー方程式が拡散してしまうという問題があります。

量子状態が広がってしまって、ぼやけがでてきてしまうのです。

そのため、現在確立しているシュレーディンガー方程式を変更しなければなりません。

またズーレックは、量子デコヒーレンスを提案しています。

宇宙の中もしくは脳の中で、自然に量子デコヒーレンスが起こり、この世が物質的に見えるというモデルです。

選択は、量子ダーウィニズムにより行なわれ、ダーウィン

の選択プロセスと同じように世界が進化します。
ただ意識との関わりは、明らかになっていません。

◆弱い量子論

通常の量子論の範囲を広げた「弱い量子論」が、ワラチらにより提案されています。
量子論の枠組みを、大きくしようという試みです。
弱い量子論の特徴は、次のようになります。

①相補性：硬貨は二つの側面があって初めて存在できます。同様に、ものごとには二つの側面がありお互いに補うことで、本当の姿を述べることができるという考えです。

②全体的なエンタングルメント：量子がお互いにつながりあいをもっています。

③プランク定数hのような値はない：量子の最小単位がはっきりしなくなります。

この弱い量子論の特徴は、生命の特徴に似ているところがあり、生命現象を説明することに、使える可能性があります。

第5章　量子神経科学

◆意識を見る

多くの研究者が、意識を解明しようと、さまざまな方法で調べています。

しかし現在、意識を直接見る方法はありません。

そのためどうしても、意識のある一面だけを、間接的な方法でみることになります。

ちょうど大きな象がいて、目をつぶっている人たちが、その象を描こうとしているようなものです。ある人は皮膚のざらざら感を感じますし、ある人は長い棒のような鼻の部分を感じます。またある人は、ひらひらした耳の部分を描くかもしれません。

それと同じことを、意識についても行なっています。

意識をいろいろな方向からながめると、ある方向は心理学であり、行動科学であり、脳科学、認知科学であり、また量子論とい

う物理学で描くことになるのです。

ただ一つで、意識を完全に正確にあらわす理論は、現在のところありません。

これらを一緒にして、意識というものをみているのです。

ここでは、神経科学を量子論の観点からみていこうと思います。

◆神経端での量子効果

脳は、脳神経細胞からできています。

神経細胞（ニューロン）の間には、神経端があります。

神経を伝わる電流が神経端につくと、イオンチャネルがひらきます。
カルシウムイオンがこのチャネルを通り、ターミナルに入ります。

イオンチャネルの直径は、数ナノメートルです。
この大きさでは、量子効果があらわれてきます。
このような量子効果は、何十億もの神経端でおこります。

脳の中のイオン、電子、原子レベルでの動きはすべて、シ

ユレーディンガー方程式で説明できます。

また量子論の非局在性で、脳全体のつながりもカバーできます。

しかし脳内の量子そのものは、雲のような状態になっていて、観察によって量子収縮がおこります。

この量子収縮と意識の関係は、次の章でみていきます。

◆量子脳理論

脳細胞の原子レベルから意識を調べるのが、量子脳理論です。

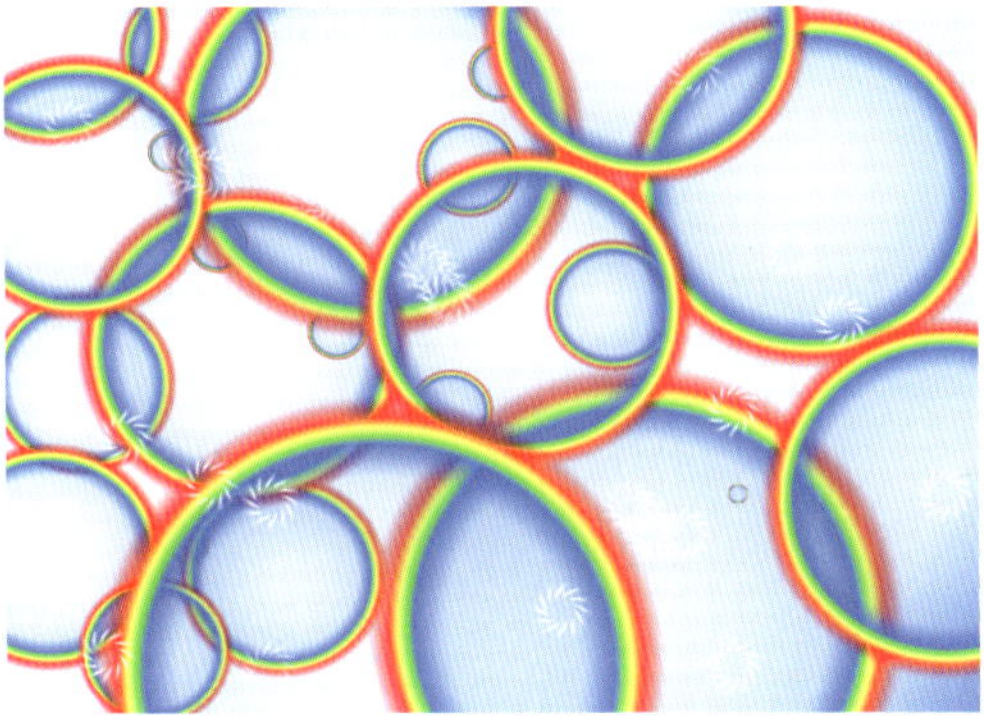

水の分子は普通、ばらばらになって存在しています。

しかし場の量子論の計算から、脳細胞の中の水が、１００分の１メートル程度の巨視的量子凝縮体になることが示されました。

巨視的量子凝縮体とは、水分子の量子の波がそろった状態で、コヒーレントと呼ばれる状態です。

このコヒーレントな状態は、普通は低温でしかおこりません。

しかし理論計算によれば、ちょうど体温くらいでもコヒーレントになり、脳細胞の中で波動のそろったコヒーレント光が出るというのです。

この特殊な光の集合体は、半分光で半分物質の性質をもつポラリトンと深い関わりがあるようです。

そして、この波動のそろったコヒーレントな光の集合体が心の正体だ、という説もあります。

このように光というのは、人間の意識に大きく関わっている可能性があります。

また、人間の脳の8割は水でできていますし、からだも7割近くが水です。

水も、意識や生命に大きく関わっていることは確かです。

◆不確定性を伝える量子神経科学

脳における量子状態は、非局在的で全体的です。

脳のイオンレベルでは、量子のぼんやりした不確実性があります。

神経端のイオンの動きは、小さな雲のような不確定性をもち、大きな不確定性へと成長します。

観察によって、その不確定性が収縮します。

脳の量子状態のぼんやりとした可能性は、量子の収縮によって、はっきりした物理で説明できるようになります。

量子の不確定性は、マクロな脳のレベルまで、シュレーディンガー方程式によって、伝わっていきます。これは神経科学が、ミクロからマクロへのボトムアップであることを示しています。

逆に自由意志で量子の選択を行なうトップダウンが、次の章のノイマンの量子論です。自由意志による量子の選択は、マクロレベルでの脳のはたらきにまで影響し、最終的には、知識の増加という形になります。

この量子神経科学は、心理と脳神経をうまくつなげることができ、次の章の量子心理物理学へとつながっていきます。

第6章　量子心理物理学

◆心理と物理の融合

現在の意識研究は、認知科学と神経科学が二大主流になっています。

今後は特に、量子レベルの量子神経科学が、重要になってきます。

最終的には、これらの分野を統合した「量子心理物理学」

によって、ようやく意識というものがおぼろげながら見えてくると思われます。

量子論では、脳の中の量子は、心理的な面と物理的な面を、両方もちあわせています。

観察者は心理的な言葉で表わされ、人間のからだや脳は、物理的な言葉で表わされます。

ここではそれらを、統合して考えてみましょう。

◆意識の量子論

意識を量子論であらわすには、次のようなことを考えなければなりません。

1　意識の効果を述べる

2　量子論の数学で説明できる

3　相対論にもあてはまる

4　心と脳のつながりを説明できる

5　意識を非局在的な宇宙全体の一部とみる

6　意識の量子同士が関わっている

脳に対して、量子論をあてはめていけば、意識をまともに科学的に、議論できるようになります。

量子論は、物質的な原子や分子の変化だけでなく、もっと大きいマクロな非局在的性質もとりあつかえます。

ただ、無数の可能性をもつ量子状態から、一つの状態を選択し、進化を決定する量子ジャンプだけは、現在の理論では理解できていません。**この選択には、自由意志が関わっています。**

◆宇宙や脳の本当の姿

私たちが今いるこの宇宙や脳の本当の姿は、物質的なものではありません。「ぼんやりとした可能性」なのです。

ぼんやりした可能性は、波動関数とよばれています。

波動関数は、ψ（プサイ）という記号で書かれます。

多くの研究者が、この波動関数を使っています。

しかし、波動関数の本当の正体は、明らかになっていないのです。

◆ポストコペンハーゲン理論

このぼんやりした可能性の中に、意識がはいりこんでいる、と考えたのが、フォン・ノイマンです。

彼は天才的な数学者で、現在私たちが使っているコンピューターは、ほとんどノイマン型のコンピューターです。

フォン・ノイマン

そのノイマンが、量子論と人間の経験を結びつける方法を見つけたのです。

人間の意識により量子が収縮すると考える、コペンハーゲン解釈を発展させたもので、ポストコペンハーゲン理論とよばれます。

意識が量子状態を観察して、多くの可能性から一つだけを選びます。

つまり、ぼんやりした波動関数が一点に収縮します。

ここでは、意識による観察が必要になってきます。

意識と脳の関係がわかってきたのです。

◆心脳問題から心理物理学へ

量子論では、シュレーディンガー方程式がとても実用的で、コンピューターや電子機器にも大いに役立っています。しかしこの方程式は、人間の意識をあらわすには不十分です。

そこでノイマンやウィグナーが、別の量子プロセスを考えました。意識の物理的側面では、局所的で決定的なシュレーディンガー方程式が使えなかったのですが、ノイマンの量子プロセスによって可能になったのです。

さらに自由意志の選択も、未知のプロセスとして認めました。**一つの選択でも、非局所性により、周囲の量子に影響していきます。**

その影響は脳だけにとどまらず、宇宙全体へと広がっていくのです。

この量子論では、観察者により波動関数が収縮して、可能性というぼんやりした量子の状態から、はっきりした現実の脳の原子、そして人間の行動を生み出します。意識を心理学的にも数学的にもとらえることができ、心と脳をつなぐ心脳問題を、量子心理物理としてとりあつかえるようになってきたのです。

◆脳内量子の収縮

はじめに脳の中に、ある一個の雲のような量子のぼんやりした状態があります。

観察によって、ぼんやりした量子状態から一つの状態を選びだし、その量子が収縮し、原子になります。

すると、脳にある他の10^{25}個の量子にも影響を与えます。

そして別の量子が収縮し、物理的な行動へとつながっていきます。

つまり意識による量子の選択によって、物理的な行動となるのです。

意識の流れは、心理学的な言葉である知識であらわされ、脳の量子状態は、物理学的な言葉であらわされます。

私たちの知識は、量子ジャンプで突然あらわれてきます。

量子論は、意識をとりいれることで、初めて法則化できるのです。

量子論は数式でかかれ、観察により収縮する量子状態をあらわします。

この波動関数を観察してみると、ぼんやりした状態から、一点のはっきりした状態へ収縮し、はっきりした「知識」へと変わります。

つまり、ぼんやりした「意識」を観察すると、はっきりした「知識」があらわれてくるのです。

つまりこの量子論を使えば、心のない原子集団の理論から、心を含む理論へと変わり、脳と心のつながりが説明できるようになるのです。

この物理法則は、心の傾向の法則ともみなすことができそうです。

◆デコヒーレンス

観測問題では、観測することで量子状態が収縮してしまい、もとの状態がわからなくなります。

量子状態がこわれてしまうことを、デコヒーレンスといいます。

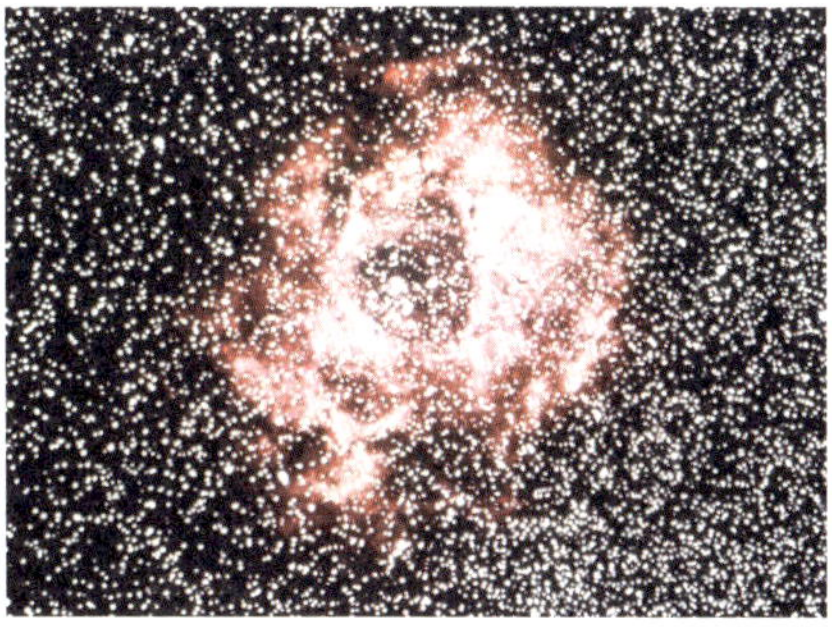

意識を感じる脳は、巨視的な量子状態にあります。

しかし、脳は湿って温かくノイズが多い環境なので、量子状態が非常にこわれやすくなっています。

つまり、デコヒーレンスがつねに強くはたらいています。

そして、ちょっとぼんやりした状態になっています。

脳の中の量子状態は、非常に狭い範囲にかぎり、デコヒーレンスしないで保たれます。

ただ脳全体にわたって量子状態を保つことは、ほとんど不可能といってもいいでしょう。

しかし部分的には量子状態が保てるので、そのデコヒーレンスしていない量子状態が、お互いに量子的なつながりをもてばいいことになります。

脳の量子状態のような、広い範囲での量子状態のつながりを保つ方法が、「量子ゼノ効果」です。

◆量子ゼノ効果

量子ゼノ効果は、ノイマンの理論から導かれ、次の特徴があります。

1　不確定性原理を広げた感じで、ぼんやりした可能性となる

2　意識が生じると、可能性が縮小し、知識が増える

3　強い意図があると、量子状態を
長時間保てる

2000年に「ネイチャー」に、この「量子ゼノ効果」の実験結果が報告されました。

これは、不安定な量子が、安定状態へ移る寿命を測る実験です。
不安定な量子状態が変化するのを、検出器をおいてじっと待ちます。
検出器と量子は、ただ待っているだけで、お互いに作用はしていません。

ところが、わきでじっと待っているだけでも、量子状態の寿命が変わってしまうのです。

条件によっては（たびたび観察すると）、量子の状態が変化せず安定になります。

本来こわれるはずのものが、ずっと保てるようになるのです。

◆観察するだけで寿命がのびる

一瞬ごとに、量子の雲がばらばらに拡散しようとします。

この拡散は、量子ゼノ効果によって縮小されます。

そして量子状態を、広い範囲で保つことができます。

量子ゼノ効果が、脳全体の巨視的な量子状態を保ち、心と脳を結びつけるはたらきをしていると思われます。

観察の間隔が十分速ければ、量子ゼノ効果がおこり、意図する行動が起こるようになります。

実際に、目の動きを測定した実験結果は、量子ゼノ効果があることを示しています。

0・01秒ごとに観察し、視覚の量子状態が保たれているのです。

意識や生命は、非常に不安定な量子状態です。

この状態を一瞬ごとに観察すれば、不安定な状態を保てます。

条件さえそろえば、生命の寿命をのばせるかもしれません。
寿命をのばす特殊な観察とは、近づきすぎずそばでじっと見守る、愛情みたいなものかもしれません。

◆量子心理物理学の特徴

量子論は、心理的な意図を、脳へつなぐ数学の役割を果たし、非局在的なつながり効果ももっています。

このように、認知心理学と量子神経科学を結びつけた量子心理物理学の特徴は、次のようになります。

1　意識の選択を、物理理論であらわせる
2　脳と心を理論的につなげてくれる

3　科学にもとづく自己イメージを与えてくれる
4　自由意志も取り入れる
5　世界がお互いに深くつながりあって
　いることを示す

この量子心理物理学は、心理的な努力が、物質的な行動へ変わるのをうまく説明してくれます。

第7章　量子存在論

◆心があるから宇宙がある――唯心論的存在論

無数の可能性は、意識によって、一つの現実になっていきます。
これは、量子論の範囲の中で、説明できるものです。

すぐれた物理学者で哲学者でもあるホワイトヘッドは、量子存在論を提案しました。
存在論とは、真に存在するものはなにか、を考えることです。

アルフレッド・ノース・ホワイトヘッド

これによって人間を、自然の概念の範囲内で理解できるようになりました。

物質ではなく、心が宇宙の基本であるというのが、唯心論です。
心があるから、宇宙があるという考え方です。
意識のような存在が、自然全体にいきわたっていると考えます。

唯心論に量子論をあてはめると、量子存在論になります。
まず意識が存在するということで、唯心論的存在論ともいえます。

心によって、可能性が現実になり、脳に働きかけます。

私たちの思考は幻想ではなく、実際に存在するのです。

◆心と現実

私たちの目の前の現実は、心の中にあると同時に、物質世界のできごとにもつながっています。

私たちの心の内面は、物理世界ではありません。

量子存在論は、私たちの心と物理世界を結びつけてくれます。


それでは、そのアイデアは、人間の心の外側にも存在するのでしょうか。

それとも人間の心の中にしかないのでしょうか。

アイデアは、心がなくても存在し続けるのでしょうか。

量子存在論は、「連続的な可能性」から「原子的な実現」がおこるという考えに基づいています。

可能性は、波動関数や量子状態などであらわされます。観察している間に、心理的な量子の収縮により、可能性から実現化していきます。

意識の物理的な面と心理的な面が、神経に伝わっていきます。

実現した物理的なものは、次の実現に影響していきます。この実現していく存在は、時間と空間を分離させるのです。

つまり3次元空間の「今」は、ぼんやりとしていて、今のこの瞬間に、意識によって可能性が実現化していくのです。

そして未来は、無限に広がる可能性というわけです。

◆唯心論的物理学

量子存在論では、量子状態を観測すると、心理的結果である行動につながります。

そこには、意識の結果が含まれています。

また量子状態は、宇宙全体で非局在的につながっています。

宇宙は、物質というよりも情報からできています。

宇宙全体の時間や空間は、物質ではなく、意識的な量子状

態なのです。

そしてその量子状態は、全宇宙で非局在的につながりあっています。

つまり究極的には、宇宙は意識的存在で、宇宙全体がつながりあっているということになります。

全体が一つになって、はじめて存在するといってもいいでしょう。

この心を中心とした考え方は、「唯心論的物理学」と呼ぶことができそうです。

ライプニッツ

◆モナド構造による唯心論物理学

理論物理学を探求している中込照明氏の唯心論物理学は、非常にユニークな構造をもっています。
物理学の世界観を今までと逆にして、モナドという心的な要素から出発しています。

意識にかかわるモナド構造を基本とし、その中では量子論が適用できます。
またモナド間は、相対論で記述できるようになっています。
既存の物理学により、心というものをシンプルに記述できるようにしたのです。

心的要素であるモナドという考え方を受け入れれば、非常にすっきりとまとまった形になり、今後の展開が期待されます。

◆人間原理――心と宇宙の存在

すべてを説明できる、究極の物理理論が研究されています。

宇宙を説明する相対性理論と、原子を説明する量子論を、統合させる試みです。

その候補の一つが、超弦理論です。

超弦理論では、無数の並行宇宙があります。

パラレルワールドではそれぞれ、異なった物理法則がはたらきます。

無数のパラレルワールドの中で、意識をもつ生命体がいる宇宙だけが、認識されるという「人間原理」が提案されています。つまり、私たち人間が存在するので、この宇宙が認識され存在するという考え方です。

この人間原理は、先に述べた唯心論的物理学の考え方と通じるものがあります。

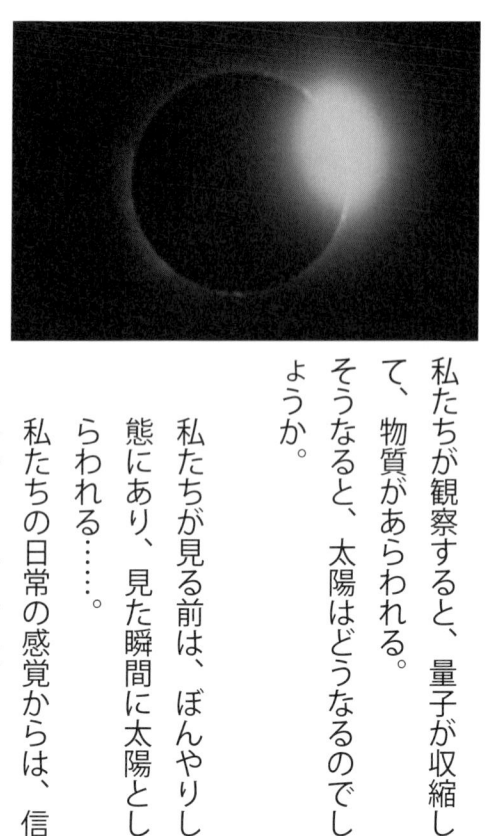

◆太陽はほんとうにあるのか？

私たちが観察すると、量子が収縮して、物質があらわれる。
そうなると、太陽はどうなるのでしょうか。

私たちが見る前は、ぼんやりした状態にあり、見た瞬間に太陽としてあらわれる……。
私たちの日常の感覚からは、信じがいかもしれません。

それでは、誰も見ていないときには、太陽はどうなるのでしょうか。

ぼんやりしたままで、物質として存在しないのでしょうか。

量子論では、ぼんやりした状態から、次のぼんやりした状態へ変化していきます。

ある量子状態は、ぼんやりした状態で存在しています。

そして変化し、進化しています。

量子の本当の姿は、ものというよりもアイデアに近いもので、宇宙全体がつながりあっているのです。

太陽も、量子状態の情報として、存在しているものと思われます。

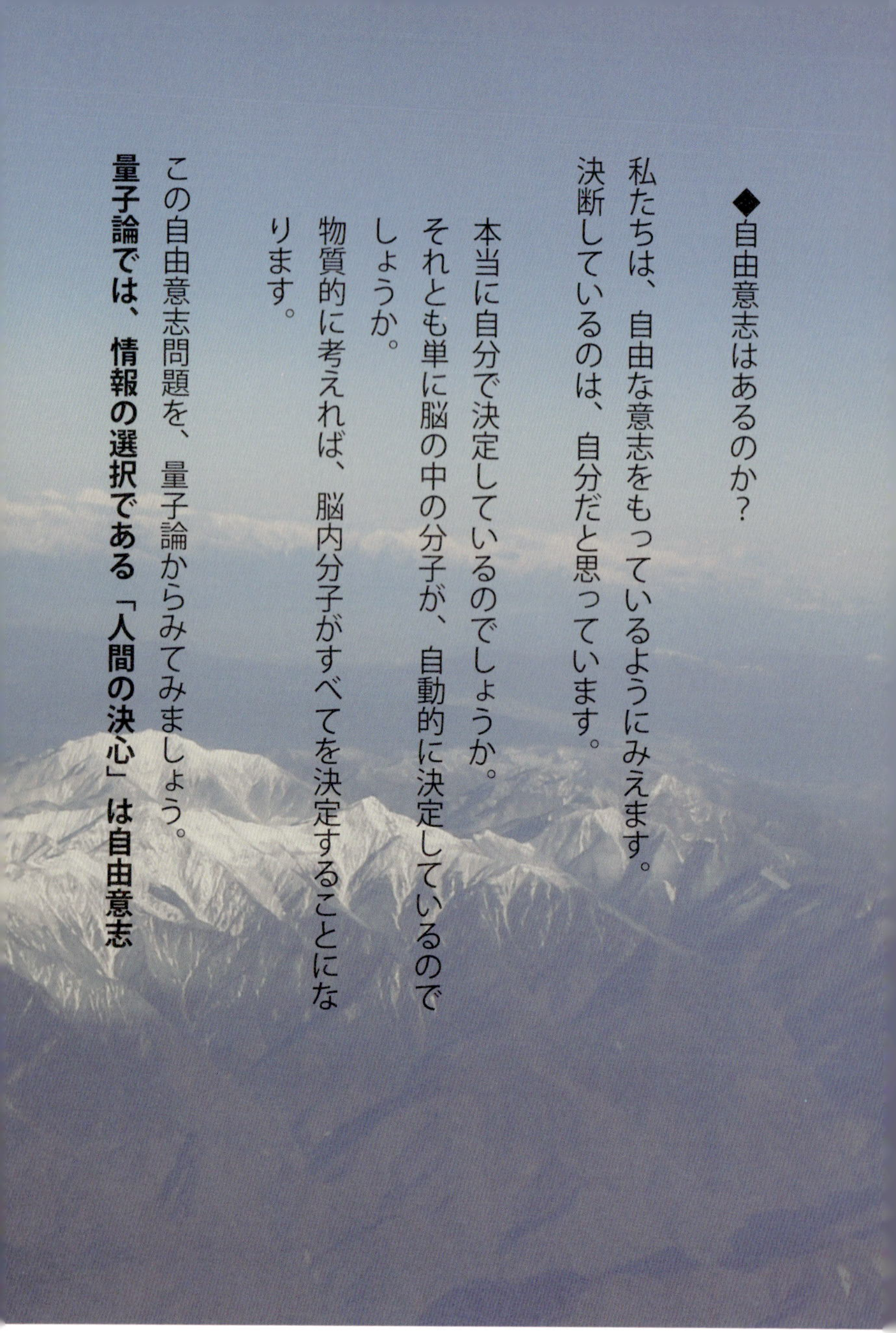

◆自由意志はあるのか？

私たちは、自由な意志をもっているようにみえます。
決断しているのは、自分だと思っています。

本当に自分で決定しているのでしょうか。
それとも単に脳の中の分子が、自動的に決定しているのでしょうか。
物質的に考えれば、脳内分子がすべてを決定することになります。

この自由意志問題を、量子論からみてみましょう。
量子論では、情報の選択である「人間の決心」は自由意志

で、明らかになっていないのです。

しかし情報の選択は実際にあるので、自由意志そのものはあるということをみとめています。

この自由意志は、量子論ではわからない、形而上の分野と言ってもよさそうです。

◆なぜ法則があるのか?

りんごが落ちるときには、引力の法則がはたらき、この法則は、数式であらわせます。

では、「なぜ」このような法則が存在するのでしょうか。

そのような「意味」は、物理学では説明がむずかしいものです。

このように、物理学などでは説明できない分野を、形而上学またはメタフィジックスといいます。

形而上学には、存在論や神学があります。
存在論は、存在するものは何かについての研究です。
プラトン、アリストテレス、ライプニッツなどの哲学などがそうです。

神学は神についての研究で、研究の方法は哲学とほとんど同じですが、神がいることを前提にしている点が、大きく異なります。

第8章　全宇宙の情報と意識

◆ホログラムの全体性

一つ一つの量子状態は、ぼんやりした雲のような可能性です。

実際にはさらにこれを、宇宙全体で考える必要があります。

宇宙全体においてこの量子の雲をとらえるには、ホログラムの考え方が適しています。

デニス・ガボール

通常のホログラムは、平面の中から立体的な像がみえる技術で、発明者のガボールはノーベル賞を受賞しています。

身近な例では、一万円札の左下にホログラムが印刷されています。

ホログラムには、二つの大きな特徴があります。

第一は、「平面の中に立体の情報がある」ということです。

これは三次元の立体情報を、次元を一つ落として、二次元平面に記録できる、ということです。

第二の特徴は、「部分が全体の情報をもっている」ということです。

記録したホログラムを再生すると、一部分でも全体的な情報が浮かび上がってきます。

映画のＤＶＤの一部を再生したら、映画全体のストーリーが見えてしまうようなものです。ただ情報が少なくなりますので、ぼんやりしたイメージになります。

でもぼんやりとしていながら、全体像が再生されるのです。

◆宇宙ホログラム

この普通のホログラムの考え方を、量子レベルから宇宙全体にまで拡大した人がいます。

１９９９年のノーベル物理学賞を受賞したトフーフトです。
彼は、１９９３年にホログラフィック宇宙原理を提案しました。

この原理によれば、宇宙全部の量子情報が一枚のホログラムに記録されています。

しかも宇宙空間全部の情報だけではなく、時間の情報、つまり過去から未来まで、すべての情報が記録されているというのです。

私たちの宇宙は、３次元の空間に時間を加えた４次元時空間です。

この４次元時空間にあるすべての情報が、次元を一つ落と

ゲラルド・トフーフト

した３次元境界面にホログラムとして記録されています。

この３次元境界ホログラムは、まだ理論的には解明されておらず、概念だけの提案になっています。

ホログラフィック原理によると、真空で何もない空間に、物質の情報の２０桁以上という桁違いの多くの情報があります。

これは、常識から考えると、奇妙に思えます。

つまり物質が存在していれば、多くの情報があるように感じます。

ところがそれよりはるかに膨大な情報が、真空に存在しているというのです。

◆ホログラムと意識

人間の「意識」を考えてみましょう。
量子論では、意識は、ぼんやりした可能性である「量子情報」としてとらえることができます。

そして全宇宙空間・全時間の「量子情報」が存在するのが3次元境界ホログラムですから、この3次元境界ホログラムに、人間の意識が「量子情報」として存在していることになります。

3次元境界ホログラムでは、時間と空間は区別できません。

ぜんぶまとめて、一つの情報として記録されています。

このホログラムにアクセスすれば、全宇宙の情報が得られるのです。

また宇宙ホログラムが意識に関わるなら、宇宙は意識から形成されているとも言うこともできそうです。

ホログラムのもう一つの特徴は、エネルギーも情報の形であらわせることです。

アインシュタインの相対性理論から、エネルギーは物質の形でもあらわせます。

つまりホログラフィック原理によって、

情報 ⇕ エネルギー ⇕ 物質

へ、お互いに変換できるようになるのです。
人間にあてはめてみると、意識から身体内物質への変換に対応していると思われます。

◆脳は意識の検出器

ホログラフィック原理による「意識」の考え方が正しいとすると、意識はそれだけで存在できることになります。物質やからだがなくても、意識だけで存在できることになるのです。

ただ、私たちが今いるこの世界で、「意識」を現実世界として感じようとすると、意識を検出するための装置が必要

になります。

それが、水でできた脳であると考えられます。

例えば携帯電話の電波は、あちこちの空間に存在しています。

電波は、映像や音楽などの情報も運びながら、飛び回っています。

でも私たちがその映像を見ようとすると、受信機が必要になります。

携帯電話があることで電波を検出し、その中の映像を見ることができるのです。

私たちの意識も、まったく同じように考えてみましょう。

私たちの意識は、宇宙のどこにでも、過去から未来のいつの時代でも、存在できるとします。

ただ実際にそれを、見たり感じたりするには、受信機が必要です。

つまり脳やからだが、その受信機なのです。脳やからだによって、３次元境界ホログラムにある量子情報を受信することが可能になってくると思われます。

脳やからだの７０％は水でできていますので、水も重要な役割を果たしているのかもしれません。

また脳は、一部に意識があるわけではなく、全体で意

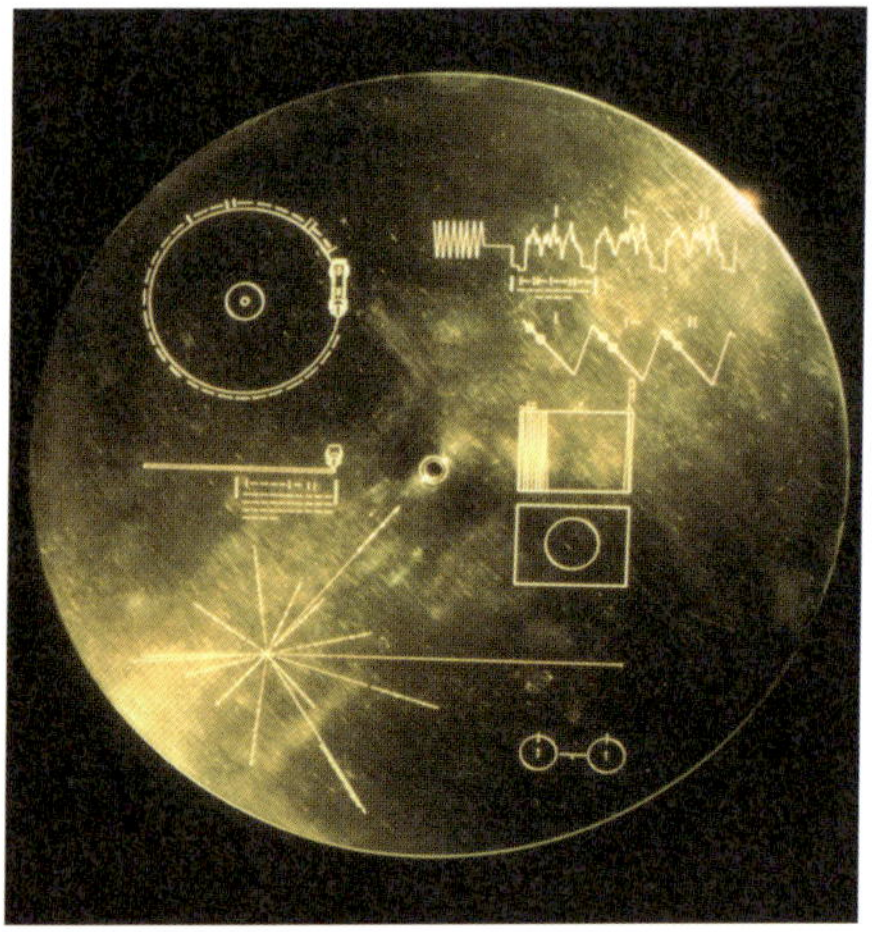

識を感じています。

脳の中での、この意識の全体性もしくは非局在性から、

プリブラムが神経ホログラム理論を提案しました。

様々な実験事実から、脳全体が、ホログラフィックにはたらいているのは事実のようです。

◆脳物質が変わっても意識は変わらない

人体は大部分、水でできています。

生まれたばかりのあかちゃんでは、8割近くが水分で、大きくなるに従って、7割になります。

そしてだんだんと水以外の割合がふえていき、成人男性では6割といわれています。

毎日、大量の水がからだに入り、老廃物とともに出ていきます。

人間のからだの中身は、毎日かなり入れ替わっているのです。

そして一年後には、もとあったからだの原子の９８％は消えています。

七年後にはほぼ完全に、原子が入れ替わっています。

物質的には、「完全に別人」なのです。

さらに私たちの脳は、８割以上が水分なので、毎日、脳の中身が入れ替わっているようなものです。

脳内物質が私たちの記憶だとすれば、水は毎日入れ替わっていますから、それこそどんどん記憶がなくなっていってしまいます。

水分以外の分子だとしても、その分子を入れれば、記憶を植えつけることが可能でしょうか？

脳内物質は、１年たつとほとんど入れ替わっているのに、実際には、１年たっても私たちの意識は変わりません。

非常に不思議なことではないでしょうか。

からだは、「原子の流れ」なのです。

原子が流入し、流出していく「場」なのです。

このような「場」に入ってきた原子が、なぜこれだけ整然とならび、さまざまな役割を果たしているのでしょうか。その「場」には、何らかの「情報」が存在しなければなりません。

どこにそんな情報があるのでしょうか。

一般的には、ＤＮＡがその役割を果たしていると思われています。

たしかに遺伝情報を伝えるＤＮＡは、重要な役割を果たしています。

しかし、このような原子の出入りを、ＤＮＡが直接コントロールしていると考えるには無理がありそうです。

宇宙ホログラムのようなある種の量子情報がその空間にあり、コヒーレントな水に働きかけているのかもしれません。

そしてそれを、私たちが意識と感じているのかもしれません。

◆全宇宙の量子情報

宇宙ホログラムが全宇宙の情報を持っているとすると、その始まりはどうなっていたのでしょう。

１３７億年前、私たちの住んでいる宇宙は、最初は一つの量子状態でした。

宇宙のすべてが一つだったのです。

今から137億年前、宇宙が始まる前は、時間も空間もない、「無」の状態でした。

ただ何も無いといっても、一見何もないようにみえるだけです。

実際には、ほんの一瞬の短い時間に、時間と空間がゆらいでいるのです。

そのゆらぎの中では、無数の小さな宇宙が生まれてはまた消えています。

そしてあるとき突然、そのゆらぎの中から、わたしたちの宇宙が誕生しました。

宇宙が誕生したときの宇宙の大きさは、10^{-35}メートル程度です。一個の原子の大きさは、10^{-10}メートルくらいですから、宇宙は原子の大きさよりも、はるかにとてつもなく小さいサイズだったのです。

そしてそこに、全宇宙の量子情報が含まれていたのです。

逆にいえば、宇宙ホログラムに、その始まりも記録されています。

◆宇宙はひとつ

いきなり生まれてきた宇宙は、急激に膨張し始めます。

最初は、粒子や反粒子や光が渾然一体となったエネルギーのかたまりでした。
反粒子は、今の宇宙には残っていない粒子で、粒子と合体すると光になって消えます。

　時は流れて、宇宙が誕生して３８万年後。
電子が、陽子と中性子からなる原子核につかまり、ようやく「原子」が誕生しました。

原子ができると、原子同士が結びついて、分子となります。
そして、分子がだんだん組みあがっていきます。
そしてついには、私たちの脳や身体ができあがります。

このように宇宙の誕生を考えてみると、私たちは皆、最初は原子より小さい空間で、一緒だったのです。

読者の皆さんも、世界中の人たちも、この本も、車も飛行機も地球も太陽も、もともと一つの情報とエネルギーのかたまりだったのです。

そこからそのエネルギーがだんだん物質化して、分裂していったのです。

◆巨大脳の存在

最近、巨大脳の理論が、再び見直されています。

これは、物理学者のボルツマンが１００年ほど前に予言したものです。

なんと脳だけが、宇宙空間に存在するという理論です。

もちろん確率からいえば、非常に低いと思われますが、ゼロではないわけです。

そして、その脳が意識をもつというのです。

そのような考え方をすると面白いことが起こります。

　脳はいつかばらばらになって、原子になります。

そして再び原子が集まり、同じような原子配列をも

つ脳になっていくということが起こりえます。

そうするとその脳は、物質的には以前と同じ状態で量子状態も同じであれば、以前と同じ意識を検出できる可能性がでてきます。

もちろん非常に低い確率ですが、そのような可能性がでてくるのです。

以前と同じ意識をもつということは、どういうことでしょうか。

生まれ変わり、もしくは輪廻転生ともいえそうです。

つまり理論的には、意識の生まれ変わりである輪廻転生が

可能になるということになるのです。

超弦理論では、無数の並行宇宙がありますから、そのような条件をみたす宇宙や自然法則があってもいいのかもしれません。

第9章　科学哲学への道——人生の目的

◆宇宙に広がる波紋

多くの物理学者は、量子論の本当の意味よりも、量子論の応用に興味をもっています。

たしかに量子論のおかげで、私たちは携帯電話からパソコンまで、さまざまな恩恵にあずかっています。

しかし、量子論はもっと深い意味をもっています。

量子論は、宇宙全体の調和と進化についても述べています。

ある場所で、意識的に何かを選択します。
するとアイデアのような量子状態から、現実になります。

そしてその影響が、宇宙全体の時間と空間に広がっていくのです。
ちょうど池に石を落とした時の、水の波紋のようなものです。

意識の波紋も、宇宙全体に広がっていくのです。
水の波紋とちがうところは、遠くはなれた所にも瞬間的に伝わることです。

◆物理法則と意味

私たちの毎日の生活には、物理法則はとても役立っています。

自動車も飛行機も、物理法則をうまく利用しているのです。

この物理法則は、「人生の意味」について、何も教えてくれないように思われていました。

しかし、量子論は「人間の選択」を物理学にとりいれました。

量子論はもともと、心理物理学的なもので、意識は、心理学的な言葉と、数学的な言葉であらわすことができ、その数学的な言葉が、量子論なのです。

宇宙をありのままにみるには、科学の統合が必要になります。
量子論は、数学的にも論理学的にも、原子から宇宙、そして生命から意識まで、科学をまとめてくれる役割を果たしてくれそうです。

量子論からみると、人間は、単なる物質的な原子集合体ではなく、非局在的に宇宙につながる統合体です。
宇宙が量子論に従うとすると、宇宙はアイデアのようなものということになります。

このことは、何を意味するのでしょうか。

宇宙全体は、物質というよりも情報であり、さらに意識的な量子状態ですべてがつながっているということなのです。
つまり人間は、進化する宇宙に関わって、人間の意識が、宇宙の進化を左右し、意味をあたえているのです。

この非局在性、つまり宇宙とのつながりから、宇宙の中にいる自分の価値が明らかになります。

人間の価値は、自分が信じる自己イメージで、決まってきます。
自分の意識が、地球や宇宙にまで影響するのですから、自分の意識のもち方が、とても大切になってくるのです。

◆人間の意識と宇宙の進化

古典物理では、脳と意識の関係を理解することができませんでした。

一方、非局在的な情報の理論である量子論によって、意識の一面をとらえることができるようになってきたのです。

意識は、脳の中の神経活動の量子現象に関わっています。

それと同時に、意識は、非局在的に全宇宙をつないでいるグルーバルなプロセスなのです。

宇宙の一部である「人間」の「情報の選択」が、遠くはなれたものにただちに影響するのです。

量子論からいうと本当に、私たち一人一人の考え方や行動が、宇宙全体に影響を及ぼしているのです。

そして、宇宙の進化にも関わっています。

「人間の決心」は、「宇宙全体の進化」に影響するのです。

私たちはみなホリスティック（全体的）につながっているのです。

宇宙のすべてがつながっているという考え方は、私たち人類の新しい「道徳」の基礎になるのではないでしょうか。

◆ガイア仮説——地球は生命融合体

このような人間の意識と宇宙全体のつながりの一例として、ガイア仮説があります。

ガイア仮説は、地球を「巨大な生命体」とみる仮説です。1960年代に、NASAで働いていた大気学者であるラブロックが提案したものです。

初めは、地球と生物の関わりあいの理論でした。お互いに、自分と相手をよりよく保とうとし、地球全体の環境を形づくっているのです。

最初は、この理論に反対する人もいましたが、徐々に賛成する人も増えてきて、会議も開かれるようになりました。

このようなガイア仮説も、量子論の非局在性によって、おたがいのつながりを説明できるようになってきます。

実際に私たちの意識や行動は、地球環境に大きく影響しています。

地球は、私たちを含む多くの生命体の「融合体」といってもよさそうです。

◆科学による道徳と人生の法則へ

私たちの意識は、脳、からだ、行動、そして周りの環境まで変えていきます。

進化した量子論で、人間の心からからだへの影響が説明できるようになりました。

さらに、人間と宇宙を統合できる考え方になってきたのです。

私たちの世界は、単に変化する「物質の世界」ではありません。

意識が進化していく、「情報の世界」なのです。

私たちの意識が、宇宙全体を進化させているのです。
私たちの心のもちようがいかに大切か。

宇宙全体にとって、よい意識をもつこと、よい行動をとること。
これが、とても大切なことになってきます。

これは、私たちの行動をよい方向にみちびいてくれる新たなる「道徳」ともいえます。
人生の法則にもつながります。

私たちの意識のもちかた一つ一つが、宇宙を変えていくのです。

終章　宇宙に広がる意識のさざなみ

アインシュタインをはじめ、そうそうたる研究者たちが、今まで量子論に取り組んできました。

そして数多くの優れた研究が、積み重ねられてきました。

ノーベル賞も多数でていますし、これからも多数でてくるでしょう。


しかし、いまだに解決されていない重要な問題があります。

そこではどうしても、人間の意識を考えなければならないようです。
今までの物理学にとって、意識は全くなじまないものでした。

しかし量子論の発展とともに、意識を入れることが必要になってきたのです。
究極の物理学においては、人間の意識が必要な時代になってきているのです。

さらに量子論は、非局在性という新しい考え方をもたらしました。
私たちの心と体は、全宇宙とつながっています。

それが物理法則から、明らかになってきたのです。

私たち一人一人の意識が、「意識のさざなみ」となって波紋のように広がり、地球から全宇宙にまで影響を与えているのです。

物理法則は、意味のない冷たいものだと思われてきました。
しかし量子論が深まるにつれて、むしろ人間と宇宙が密接に結びついていることがわかってきたのです。

これからの物理法則は、人間の生き方そのものにも、指針を与えてくれるものになっていくのではないでしょうか。

地球や宇宙がよい方向に進化していくための考え方や行動のもとになる、「量子意識法則」の時代が始まるのかもしれません……。

参考文献

量子論・宇宙論

猪木慶治、川合光著『量子論１』、講談社（１９９４）

ゲラルド・トフーフト著、松木孝幸訳『未知なる宇宙物質を求めて—素粒子世界が創る究極の美と感動』、森北出版（１９９９）

佐藤勝彦著、『「量子論」を楽しむ本』、ＰＨＰ文庫、（２０００）

高林武彦著、保江邦夫編『量子力学—観測と解釈問題』、海鳴社、（２００１）

リー・スモーリン著、林一訳『量子宇宙への3つの道』、草思社（２００２）

Henry P. Stapp, Mind, Matter and Quantum Mechanics, Springer-Verlag (2003).

「別冊日経サイエンス141——量子が見せる超常識の世界」（２００３）

「別冊日経サイエンス149——時空の起源に迫る宇宙論」（２００５）

根本香絵、池谷瑠絵著『ようこそ量子』、丸善（２００６）

Henry P. Stapp, Mindful Universe: Quantum Mechanics and the Participating Observer, Springer-Verlag (2007).

脳と意識

立花隆、利根川進著『精神と物質——分子生物学はどこまで生命の謎を解けるか』、文春文庫（１９９３）

松本修文編『脳と心のバイオフィジックス』、共立出版（１９９７）

中込照明著『唯心論物理学の誕生——モナド・量子力学・相対性理論の統一モデルと観測問題の解決』、海鳴社（１９９８）

ロジャー・ペンローズ著、中村和幸訳『心は量子で語れるか——21世紀物理の進むべき道をさぐる』、講談社ブルーバックス（１９９９）

デイヴィッド・J・チャーマーズ著、林一訳『意識する心——脳と精神の根本原理を求めて』、白揚社（２００１）

高橋康監修、保江邦夫著『量子場脳理論入門』、サイエンス社（２００３）

リン・マクタガート著、野中浩一訳『フィールド——響き合う生命・意識・宇宙』、河出書房新社（２００４）

アーヴィン・ラズロ著、吉田三知世訳『叡知の海・宇宙——物質・生命・意識の統合理論をもとめて』、日本教文社（２００５）

あとがき

正直申し上げまして、もし10年前の自分がこの本を見たら、全く受け入れられなかっただろうと思います。物質科学中心的な思考をもっていましたから、このような突拍子もない話は、とても信じられなかったことでしょう。

そのような私が、なぜこのような本を書かせていただくことになったのか。とても不思議な感じがいたします。

現実世界や物事の本質に対する考え方が変化してきたのかもしれません。また、実際に物質科学に関わっていて、それを突き詰めて考えていったことで、このような考え方に到達したのかもしれません。

今回、この原稿の出版を決断して下さり、近寄りがたい内容を大変読みやすい形にして下さった、海鳴社の辻信行氏に深く御礼を申し上げます。

また、ケンブリッジ大学キャベンディッシュ研究所のブライアン・D・ジョセフソン教授には、毎日の議論を通じて、量子論や物理学に対する深い洞察を与えていただきました。彼との議論がなければ、この本は誕生しませんでした。ここに深く感謝申し上げたいと思います。

これからの世の中において、本書が明るい光の一つとなってくれれば、とてもうれしく思います。

２００９年１月

奥　健夫

著者：奥　健夫（おく たけお）

1965年生。東北大学大学院原子核工学専攻修了（工学博士）後、京都大学大学院材料工学専攻・助手、スウェーデン・ルンド大学国立高分解能電子顕微鏡センター・博士研究員、大阪大学産業科学研究所・助教授、ケンブリッジ大学キャベンディッシュ研究所・客員研究員など。

現在、滋賀県立大学工学研究科材料科学専攻・教授。

著書に『夢をかなえる人生と時間の法則』（PHP 研究所）、『動かして実感できる三次元原子の世界』（工業調査会）、『これならわかる電子顕微鏡』（化学同人）、『意識情報エネルギー医学』（エンタプライズ）、訳書に『時間の波に乗る19の法則（アラン・ラーキン著）』（サンマーク出版）、監修に『こころの癒し』（出帆新社）他。

http://www.k4.dion.ne.jp/~tem

まじめな――
とんでもない世界

2009年3月3日　第1刷発行

発行所：㈱海　鳴　社　　http://www.kaimeisha.com/
〒101-0065　東京都千代田区西神田２－４－６
E メール：kaimei@d8.dion.ne.jp
電話：03-3262-1967　ファックス：03-3234-3643

発 行 人：辻　信行
組　　版：海　鳴　社
印刷・製本：シ　ナ　ノ

出版社コード：1097
ISBN 978-4-87525-255-9